AF454197

NOTE

SUR LES TERRAINS TERTIAIRES

DU PLATEAU DES DÉSERTS, PRÈS CHAMBÉRY (SAVOIE)

PAR

MM. H. DOUXAMI et J. RÉVIL

Les formations éogènes (Eocène supérieur, Tongrien) des Alpes de Savoie, connues d'ailleurs depuis relativement peu de temps, ont été diversement interprétées par les auteurs et des opinions assez différentes règnent encore aujourd'hui à leur sujet. Il nous a paru que le seul moyen d'arriver à des résultats positifs était de faire la monographie des localités où elles sont le mieux représentées. C'est dans ce but que nous avons repris l'étude du plateau des Déserts où les couches sont très fossilifères et où les successions se présentent nettement.

Il n'a été donné jusqu'ici que des indications paléontologiques provisoires et la description plus complète que Tournouer réclamait en 1877, restait encore à faire. C'est cette lacune que nous nous sommes efforcés de combler et nous espérons que les géologues accueilleront favorablement ce travail.

Nous proposant de préciser l'état de nos connaissances, nous résumerons les recherches faites par nos devanciers. Nous décrirons ensuite aussi complètement que possible le plateau des Déserts, nous dirons quelques mots de la tectonique de la région et nous terminerons par la description des espèces rencontrées, provenant de nos propres récoltes et de la collection Louis Pillet actuellement déposée au Musée de Chambéry.

I. — HISTORIQUE

Le premier travail de géologie alpine dans lequel le plateau des Déserts soit spécialement étudié est un compte rendu d'excursion rédigé par le chanoine

CHAMOUSSET [1]. Ce savant y conduisit, en 1884, la société géologique de France. L'indépendance de la formation nummulitique et des calcaires à *Chama ammonia* fut reconnue. La première fut divisée en deux niveaux : l'un consistant en calcaires jaunes et en grès, l'autre en marnes feuilletées appelées *Flysch*.

Les membres présents à la réunion discutèrent longuement sur l'âge de ces couches et tandis que MICHELIN émit l'opinion qu'elles étaient tertiaires, SISMONDA et AGASSIZ les considérèrent comme crétacées. Quant à Chamousset, il jugea la solution prématurée et chercha surtout à établir la liaison et les rapports de position des couches à Nummulites et du Flysch. Ce dernier, dit-il, est toujours supérieur aux calcaires et aux grès.

Il nous faut maintenant arriver aux publications de M. G. DE MORTILLET pour trouver une courte description de notre champ d'étude [2]. L'ouvrage sur la géologie et la minéralogie de la Savoie publié en 1858 contient un chapitre sur le terrain nummulitique où il est question des Déserts. L'auteur signale à la base de la formation un conglomérat dans lequel on trouve des silex, de la craie, ce qui prouve, dit-il avec raison, que les dépôts Sénoniens étaient beaucoup plus étendus qu'ils ne le sont actuellement ; il y indique des Polypiers. Au-dessus, passent des calcaires jaunes et le Flysch. Il n'ajoute, en somme, que peu de choses aux données recueillies par ses prédécesseurs.

L'année suivante, 1859, LOUIS PILLET faisait paraître la description géologique des environs d'Aix-les-Bains, ouvrage dont il donna une seconde édition en 1863 [3]. Il étudia le terrain sidérolithique qu'il a observé près d'Arith et qu'il distingue à juste titre des sables blancs des Déserts. Ceux-ci, dit-il, renferment des empreintes de fossiles marins, sont régulièrement stratifiés et doivent être d'un autre âge.

En août 1863, le Congrès scientifique de France tenait à Chambéry sa trentième session. Le plus grand nombre des membres de ce congrès se rendirent aux Déserts sous la conduite de l'abbé VALLET [4]. Celui-ci leur fit observer une coupe sur la rive gauche du torrent de la Doria où ils constatèrent la succession suivante, de bas en haut : 1° Poudingues à grains siliceux et galets calcaires ; 2° Calcaires jaunâtres à *Polypiers, Cérithes* et *Natices* ; 3° Grès jaunâtres à *Nummulites* ; 4° Flysch ; 5° Grès siliceux blancs jaunâtres qui en se délitant fournissent un sable fin ; 6° Calcaires siliceux ; 7° Mollasse d'eau douce.

Nous verrons dans la suite de ce travail que la partie supérieure de cette série fut mal interprétée.

---

[1] *Réunion extraordinaire à Chambéry du 12 au 27 août 1844. — Compte rendu de l'excursion dans les Déserts par le chanoine Chamousset* (Bull. soc. géol. de France, 2° série. t. I.

[2] G. DE MORTILLET. Prodrome d'une géologie de la Savoie (*Mém. de l'Institut genevois*, t. III (1855).

G. DE MORTILLET, Géologie et Minéralogie de la Savoie (*Annales de la chambre royale d'agriculture et de commerce de Savoie*. t. IV, 1858).

[3] L. PILLET. Description géolog d'Aix en Savoie (*Mém. acad. de Savoie*, 2° série, t. III, p. 1).

L. PILLET. Description géolog. d'Aix en Savoie, 2° édit. Chambéry, imp. Puthod, 1863.

[4] Congrès scientifique de France (30° *session tenue à Chambéry au mois d'août* 1863. Compte-rendu par l'abbé Vallet, p. 265.

Dans la séance du 19 février 1877 de la Société géologique de France, M. Noguès donna une coupe des terrains des Déserts [1]. Elle serait la suivante, de haut
en bas : 1° Grès micacés avec débris de coquilles fluvio-marines ou lacustres ;
2° Grès plus fins ou Flysch ; 3° Calcaires avec *Polypiers* et *Natica crassatina* ;
4° Grès sableux avec petites *Nummulites*.

C'est la partie inférieure de la coupe qui est ici inexactement rapportée.

Dans la séance suivante, 5 mars, TOURNOUER annonçait qu'il avait examiné
des fossiles provenant des Déserts [2]. Ceux-ci lui avaient été adressés par PILLET
et il donnait, d'après cet auteur, une coupe qui n'est pas complète, mais qui est
la plus exacte de toutes celles qui avaient été publiées jusqu'alors. On aurait,
de haut en bas : 1° Grès micacés à *Bivalves* ; 2° Calcaires siliceux à *Potamides* et à
Cérithes ; 3° Flysch ; 4° Calcaire nummulitique coquillier avec brèches et Polypiers massifs à la base.

Cette dernière assise est la plus fossilifère et TOURNOUER cite un certain nombre
d'espèces provenant de ce niveau. Il annonce que les indications paléontologiques qu'il fournit ne doivent être considérées que comme provisoires et se
borne, pour la plupart des espèces étudiées, à constater leurs affinités et leurs
analogies avec d'autres déjà connues.

Nous avons eu entre les mains tous les matériaux soumis à ce savant et nous
dirons ce que l'on peut déduire de leur examen.

Plus récemment M. HOLLANDE a publié un certain nombre de notes sur cette
région [3]. Nous n'analyserons que son dernier travail qui exprime sa manière de
voir actuelle.

La nature des dépôts tertiaires serait, d'après lui, très variable au contact
avec l'Urgonien. Il donne, pour en faire la preuve, une série de coupes relevées
au hameau des Mermets, aux prés des Maréchaux, aux granges de la Palen, aux
chalets d'En Glaise et de Près Chevru et enfin à l'Ouest du col de Plainpalais.
Nous ne reproduirons pas ces coupes et nous nous contenterons de donner le
tableau résumant, d'après notre confrère, la série des dépôts oligocènes.

---

[1] NOGUÈS. Observation sur le Tertiaire des Déserts (*Bull. soc. géol. de France*, 3ᵉ série, t. V,
p. 308).

[2] TOURNOUER Sur la faune tongrienne des Déserts près Chambéry (Savoie). (*Bull. soc. géol.
de France*, 3ᵉ série, t. V. p. 333.

[3] HOLLANDE : Etude stratigraphique du massif des Bauges (*Congrès des sociétés savantes sa-
voisiennes* tenu à Aix-les-Bains en 1883).

HOLLANDE : Les terrains tertiaires dans le massif des Bauges (*Revue savoisienne*, t. XXIV,
p. 79, 1884).

HOLLANDE : Remarques sur la géologie des vallées de Saint-Eustache, des Déserts et des
Aillon (*Revue savoisienne*, t. XXIV, p. 175).

HOLLANDE : Etude sur les dislocations des montagnes calcaires de la Savoie (*Bull. soc. hist.
nat. de Savoie*, t. III, p. 128).

HOLLANDE : Contact du Jura méridional et de la zone subalpine aux environs de Chambéry
(*Bull. serv. carte géol. de France*, n° 29, 1892).

HOLLANDE : Etude stratigraphique des terrains tertiaires oligocènes de la vallée des Déserts
(*Bull. serv. carte géol. de France*, n° 41, 1895).

Aquitanien.

8. Marnes rouges alternant avec une mollasse grise, terreuse, quelquefois rougeâtre ;

7. Mollasse sableuse passant peu à peu dans le bas à une mollasse à gros grains ;

6. Des grès, des calcaires argileux, des schistes souvent à l'état de marnes, le tout formant la fausse mollasse.

Tongrien

5. Calcaire bleuâtre, tantôt en bancs épais donnant une roche gélive, mais le plus souvent en petits feuillets sur lesquels on trouve des écailles de poissons et des fucoïdes. C'est le Flysch Tongrien.

4. Amas de sables plus ou moins blancs, que l'on voit principalement au Nord-Ouest de la vallée où ils forment une série de petites collines ;

3. Grès grossiers et calcaires avec petites Nummulites ;

2. Grès avec fragments d'os, fragments de craie, galets de quartz et silex et *Natica crassatina.*

1. Gravier, gros sables et argiles.

Certains de ces niveaux passent latéralement à d'autres, et l'âge attribué à quelques-uns d'entre eux doit être modifié.

Enfin l'un de nous [1] a publié en 1896 comme thèse de doctorat un mémoire sur les terrains tertiaires du Dauphiné, de la Savoie et de la Suisse occidentale. Les terrains nummulitiques du massif des Bauges y sont étudiés et un paragraphe spécial est consacré au synclinal des Déserts.

Nous ne le résumerons pas, ayant à compléter et à reprendre, pour notre champ d'études, les diverses questions qui y étaient abordées.

II. — DESCRIPTION STRATIGRAPHIQUE

Le plateau des Déserts situé au Nord-Est de Chambéry forme le versant oriental en pente douce de la montagne du Nivollet. Il est constitué par des assises tertiaires qui sont limitées à l'Ouest et au Sud par l'Urgonien du Nivollet et du Pennay, à l'Est par le Néocomien du Margériaz contre lequel il butte par faille. Les assises supérieures seulement se continuent plus au Nord dans la vallée de Lescheraine.

Nous ne les décrirons que jusqu'au col de Plainpalais en les suivant d'abord sur la bordure Ouest, pour terminer par celles du Sud et de l'Est. Nous passerons ainsi des couches les plus anciennes aux plus récentes.

La localité où la série s'observe le mieux et qui nous servira de terme de comparaison est celle du col de la Doria, sur le prolongement de la crête du Nivollet. En ce point, on trouve un poudingue à éléments calcaires et à ciment grèseux

[1] H. DOUXAMI. Etude sur les terrains tertiaires du Dauphiné, de la Savoie et de la Suisse occidentale. *Paris, Masson et Cie éditeurs.*

reposant directement sur l'Urgonien plus ou moins érodé. Ce poudingue ren-
ferme des fragments de *Pectens* et de nombreux Polypiers (*Heliastræa Lucasana*
Defrance, *Latimæandra dedalea* Reuss). Au-dessus passent des calcaires grèseux
à *Nummulites, Operculines* et *Pectens*. Les Nummulites que nous avons pu déter-
miner appartiennent aux espèces suivantes : *N. Variolaria* Sow, *N. Ramondi*
Defr., *N. striata* d'Orb., *N. Guettardi* d'Archiac, *N. Boucheri* de la Harpe, *N. aff.*
Heberti d'Arch. Quant aux Pectens les formes les plus nombreuses sont le *Pecten*
Thorenti d'Archiac et le *Pecten* aff. *solea* Desh.

Les terres cultivées situées près du col sont sur ces calcaires grèseux à Nummulites au-dessus desquels viennent ensuite des schistes marneux bleuàtres à
écailles de Poissons (*Meletta*) et à débris de végétaux (Flysch). Ces schistes
affleurent sur le sentier situé en contre-bas d'une arète urgonienne et supportent
plus à l'Est des grès micacés que nous appellerons grès des Déserts [1], parce
qu'ils sont très développés près de l'Église de ce village.

Les poudingues de base se retrouvent à l'Ouest des granges de la Palen où ils
sont extrèmement fossilifères et l'on peut y voir les espèces de *Polypiers* que
nous avons citées plus haut, des *Natices* (*Natica Crassatina* Lam, *Natica Pilleti*
Tournouer, *Natica Studeri* (Quenstedt sp.) Brown, *Natica angustata* Grateloup,
Natica aff hybrida Lamarck) des *Huitres* (*Ostrea gigantica* Brunt, *Ostrea Brongnarti*
Bronn.), des ossements d'animaux marins (*Tortues, Halitherium*). Ici encore les
poudingues sont surmontés par des calcaires grèseux dont la partie supérieure
fournit en se délitant des sables jaunâtres [2] que l'on peut apercevoir près des
granges mêmes de la Palen.

Le Tongrien inférieur se continue avec les mêmes caractères sur cette bordure
et il marque assez exactement la limite des terres cultivées et des taillis. Nous
devons cependant signaler au hameau de La Ville, sur le flanc ouest de la vallée
un lambeau d'Urgonien qui pointe au milieu d'assises plus récentes formant un
petit anticlinal à l'Est duquel affleurent les grès à *Pectens* sur lesquels passent
ensuite les schistes à écailles de poissons. Le conglomérat paraît manquer en ce
point.

Le poudingue calcaire est très riche en *Polypiers* à l'Ouest de la Lésine. Un
peu au Nord de ce village, se rencontre un petit monticule formé par des grès
qui sont presque entièrement transformés en sables. Ils reposent ici directement
sur le conglomérat à *Polypiers* et à *Natices*. Nous ne croyons pas que ces sables
très développés près du col de Plainpalais, ainsi que nous le verrons, constituent
un niveau spécial, comme l'ont dit certains auteurs. Ils ne sont qu'une *transfor-*
mation latérale des grès à Nummulites du col de la Doria.

Un autre point où une succession analogue peut encore se relever est le chemin qui conduit aux chalets d'En Glaise On y voit les couches à *Natices* et à

---

[1] Ce sont les assises de ce niveau que M. Hollande a désignées sous le nom de *fausse mol-*
lasse, détermination qui nous parait devoir être modifiée, car elle a été appliquée à d'autres
couches présentant le même faciès, mais d'âge différent.
[2] Cette constatation est fort importante, le passage de ces grès aux sables est ici de la
dernière netteté.

Polypiers reposer sur l'Urgonien et y être directement surmontées de grès plus ou moins délités dans lesquels les fossiles ont été en partie détruits mais où l'on peut reconnaître encore quelques empreintes de *Pectens* peu déterminables mais également tout à fait identiques à ceux de la Doria.

Les coupes que nous venons de citer présentent toutes la même succession. Le synclinal secondaire où sont situés les chalets d'En Glaise va nous montrer un nouveau terme à ajouter à cette série. Ce sont des sables grossiers à cailloux de quartz, des argiles rouges et des brèches à silex liées par un ciment argilo-ferrugineux. On peut étudier ces assises près du passage de la Féclaz où elles sont en contact avec les calcaires de l'Urgonien.

Cette formation sur laquelle l'un de nous [1] a déjà appelé l'attention est d'origine continentale.

Les argiles avec grains d'hydroxyde de fer pisolithiques sont le produit de la décalcification de certaines roches par les eaux de ruissellement.

Les brèches renferment, en effet, de nombreux silex qui doivent être considérés comme provenant des sédiments Sénoniens qui couvraient autrefois l'Urgonien de la vallée.

Cette attribution nous paraît ne pouvoir être contestée car MM. RÉVIL et VIVIEN ont trouvé dans les brèches des morceaux de craie ayant échappé à la dissolution. Ce fait est important car il permet de conclure que la mer sénonienne dont les dépôts se rencontrent dans la vallée d'Aillon, s'étendaient plus à l'Ouest et se continuaient au Sud par ceux des vallées de Couz, d'Entremont et du massif de la Chartreuse.

Les brèches, argiles et sables des chalets d'En Glaise ne se retrouvent pas au Nord du passage de la Féclaz et ce sont alors les grès sableux qui passent directement sur l'Urgonien. Au-dessus viennent les schistes marneux du Flysch. Les bancs les plus inférieurs de cette formation forment le sous-sol des prairies situées à l'Est du passage où ils alternent, en certains points, avec des bancs de grès qu'il ne faut pas confondre avec les sables à *Pectens*. Ce fait peut se voir près de la Fruitière et dans un chemin situé à l'Est de Vigneubles. Plus au Nord et à l'Ouest du col de Plainpalais, on rencontre les sables qui présentent un beau développement. Ils y sont superposés aux calcaires à *Natices* qui affleurent près d'un chalet ruiné où ils sont très fossilifères. Cet ensemble de couches passe sous le Flysch. Ce dernier affleure au bord de la grande route et on peut le suivre jusqu'au village des Déserts où il est surmonté de calcaires siliceux, de marnes à Cardites (*Cardita Lauræ* Brgt.) et de grès micacés qui constituent la butte sur laquelle sont construits l'église et le presbytère. En certains points ces calcaires siliceux alternent avec les couches du Flysch à écailles de poissons.

Revenons au Sud pour étudier le tertiaire de la bordure du mont Pennay. Une arête, le Crêt, prend naissance au Sud du passage de la Doria et se dirige à l'Est. Elle est constituée près du col par les calcaires de l'Urgonien qui forment

---

[1] *Bull. soc. hist. nat. de Savoie* (Séance du 15 mai 1894). Ce n'est qu'en 1895 et postérieurement à la communication de M. Révil qu'a paru le dernier travail de M. Hollande qui dans ses notes précédentes avait attribué une autre origine à cette formation.

un anticlinal contre lequel viennent se relever, sur le versant Nord, les schistes à écailles de poissons et les grès micacés. Sur l'autre versant se montrent des sables grossiers analogues à ceux d'En Glaise.

Ils renferment des silex, des cailloux roulés de quartz et des fragments de craie. Ils forment le sous-sol d'une prairie appelée Praz-Long [1] et ils se montrent encore dans la forêt où des argiles rouges se plaquent, en certains points, sur l'Urgonien et remplissent des fentes et des poches creusées dans les calcaires.

Les sables passent plus à l'Est sous le conglomérat à *Natices*. Celui-ci est très fossilifère à côté du chalet et nous avons pu y recueillir les diverses espèces de Polypiers que nous énumérons plus loin, quelques exemplaires de la *Natica crassatina* et de nombreux fragments d'huîtres malheureusement indéterminables.

Les poudingues remontent jusqu'au sommet de l'arête, près de la Croix du Crêt et ils renferment ici des fragments de silex et des débris de côtes d'*Halitherium* que nous n'avons pu extraire par suite de la dureté de la roche. Ils sont recouverts par des calcaires grèseux qui se voient sur les deux flancs de la voûte. Viennent ensuite sur le Flysch, des calcaires siliceux, des marnes et des grès micacés.

Les marnes sont très fossilifères près du hameau des Charmettes et nous y avons recueilli des moules de Bivalves parmi lesquels nous avons pu reconnaître : *Cardita Lauræ* Brgt, *Cardita Bazini ?* Desh. espèces caractéristiques du Tongrien supérieur.

La succession de ces dernières assises se voit très bien dans le ruisseau qui descend des Favres. Les schistes à écailles de poissons sont surmontés de calcaires siliceux, de marnes bleues et enfin de grès micacés à débris de végétaux et moules de Bilvaves (*Nucules ? Corbules ?*) dont on peut recueillir de nombreux exemplaires au pied de la butte que domine l'église du village. Plus à l'Est viennent les mollasses Aquitaniennes.

En remontant la rive gauche du torrent de la Doria pour se rendre au col de Plainpalais, on voit la partie supérieure du Flysch se présenter avec des caractères très uniformes. Elle consiste en calcaires siliceux en gros bancs dans lesquels nous n'avons trouvé, malgré d'assez longues recherches, que des fragments de végétaux. Ces calcaires peuvent s'étudier près du moulin Dumas où on a récemment tenté de les exploiter.

Passons maintenant sur l'autre flanc de la vallée et étudions la coupe que l'on peut relever près du hameau des Mermets. Nous y observerons une succession analogue à toutes celles que nous avons décrites précédemment et nous verrons au Fornet, l'Urgonien qui est sur le prolongement de celui du Pennay y être directement recouvert par les poudingues à *Natices* et *Polypiers*. A ceux-ci succèdent les grès jaunâtres à *Nummulites* et les schistes marneux du Flysch. Le contact se voit très bien dans le petit sentier qui aboutit au village.

---

[1] C'est celle que M. Hollande a appelé *Pré des Maréchaux*.

Sur le Flysch à écailles de poissons passent ensuite des calcaires siliceux puis des grès micacés qui sont en ce point très riches en moules des petits Bivalves que nous avons déjà cités (*Corbules, Nucules*), et enfin les molasses aquitaniennes plus ou moins recouvertes par les éboulis. On peut étudier ces dernières sur les bords d'un ruisseau qui vient se réunir à la Doria des Déserts, près du col de Plainpalais. Elles consistent en grès verdâtres très délitables qui alternent avec des marnes bariolées (rouges vertes) et qui inclinent à l'Est d'environ 45° en s'élevant assez haut sous les pentes du Margériaz.

Tout le plateau du chalet aux Carres est sur les éboulis et on ne retrouve quelques affleurements d'Aquitanien qu'en descendant au Fornet. Quant à l'abrupt qui limite la vallée à l'Est, il est formé d'Hauterivien et d'Urgonien. Il ne nous a rien présenté qui mérite d'être signalé d'une façon spéciale.

Si nous résumons les données recueillies, nous voyons que la série tertiaire du plateau des Déserts est beaucoup plus simple qu'on ne l'a cru jusqu'ici et ne présente pas les nombreux niveaux que certains auteurs se sont plu à y reconnaître. Elle ne comprend que les termes suivants, de haut en bas:

Aquitanien.	6. Mollasses grises verdâtres et marnes bariolées.
Tongrien supérieur (Stampien).	5. Grès micacés des Déserts à moules de petits *Bivalves* (*Corbules, Lucines, Nucules,* etc ?). 4. Marnes à Cardites, calcaires siliceux et schistes à écailles de poissons (Flysch).
Tongrien inférieur (Sannoisien).	3. Grès de la Doria à *Nummulites* et *Pectens.* 2. Poudingue calcaire à *Natica Crassatina* et *Polypiers.*
Eocène.	1. Sables grossiers à cailloux de quartz, marnes et argiles bariolées, brèches à silex.

III. — TECTONIQUE

La vallée haute des Déserts est un synclinal tertiaire se moulant à l'Est et au Sud dans l'Urgonien du Nivollet et du Pennay et limité à l'Est par l'anticlinal faillé du Margériaz. Ce synclinal se continue vers Lescheraines où il se réunit à celui d'Aillon pour se poursuivre par Leschaux jusqu'au lac d'Annecy. Dans la partie où nous l'avons étudié, il s'accidente de plis secondaires dont nous devons dire quelques mots.

L'Urgonien ne forme à l'Ouest des Déserts qu'un des jambages du synclinal ; il se dédouble près du col de la Doria en formant un anticlinal secondaire le *Crêt* qui se dirige vers l'Est. Cet anticlinal est alors séparé de celui du Mont Pennay par le synclinal de Praz-Long que remplissent, comme nous l'avons dit, des dépôts tertiaires.

Plus à l'Est, les assises Urgoniennes de l'anticlinal du Crêt vont en s'enfonçant et disparaissent à partir de la Croix située au sommet de l'arête. Ce sont les poudingues à *Natices* qui forment alors la charnière de la voûte. Vers l'Eglise des Déserts, ce sont les grès micacés qui se montrent et affleurent sous la butte. Quant à l'anticlinal du Pennay, l'Urgonien qui le constitue vient pointer près des Charmettes pour se poursuivre dans la direction du Margériaz. Il est érodé au Sud du Fornet où l'on voit affleurer les couches de l'Hauterivien. Celles-ci, à l'Est du hameau du Saugey, viennent butter par faille contre les marnes de Berrias qui se montrent dans le lit d'un ruisseau formant, en ce point, le soubassement de l'anticlinal de Margériaz ; ce dernier se présente en direction sensiblement Nord-Sud.

Un autre anticlinal secondaire existe près des chalets d'En Glaise. Ici l'Urgonien forme une voûte dont les couches inclinent à l'Est et délimitent un petit synclinal où se moulent aussi la base des assises tertiaires.

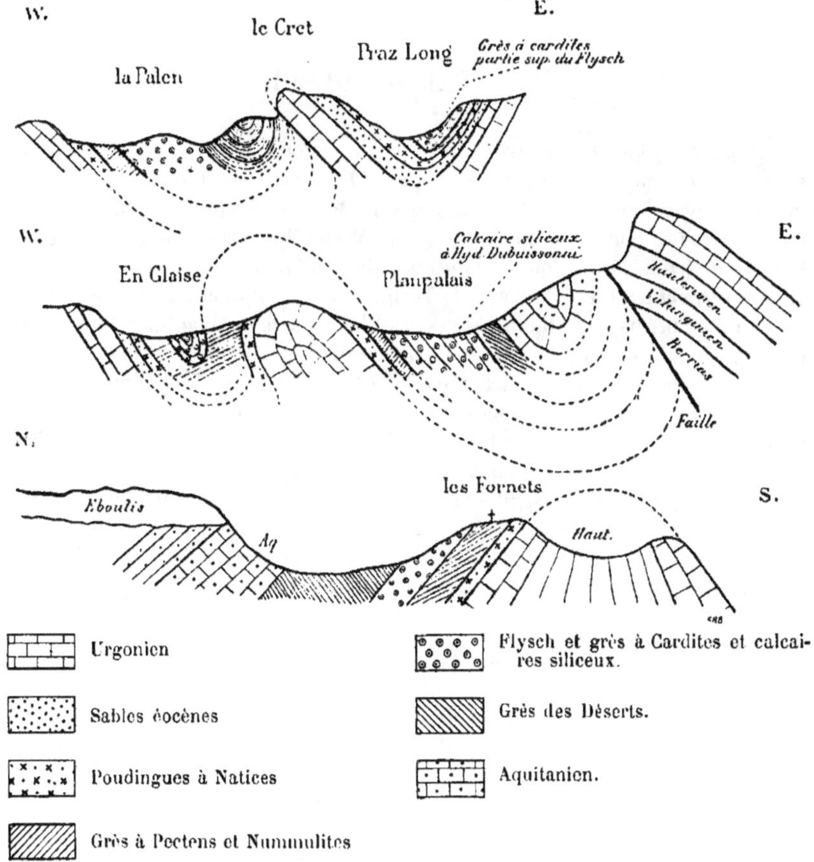

Urgonien	Flysch et grès à Cardites et calcaires siliceux.
Sables éocènes	Grès des Déserts.
Poudingues à Natices	Aquitanien.
Grès à Pectens et Nummulites	

A ce sujet, faisons remarquer que les sables et argiles sidérolithiques ne se trouvent que dans les synclinaux de Praz-Long et d'En Glaise, ce qui semble indiquer que les linéaments en étaient tracés avant l'envahissement de la région par les mers tertiaires. Celles-ci n'auraient pu disperger au large les formations qui s'étaient produites pendant la période d'émersion.

Le pointement Urgonien de la Ville est également une preuve de ces mouvements anté-nummulitiques.

La chaîne de Margériaz est bien un pli-faille comme l'indiquent les coupes publiées jusqu'ici, seulement nous ne considérons pas le plan de fracture comme vertical mais comme parallèle à la stratification, L'anticlinal est déversé à l'Ouest et les assises de l'Aquitanien viennent se relever contre lui. Les couches de celles-ci sont doublées, ce qui explique l'épaisseur qu'elles présentent sur tout ce versant de la vallée. Ce pli se continue avec les mêmes allures jusqu'au pont de Lescheraines.

IV. — PALÉONTOLOGIE

Comme nous l'avons montré dans la partie historique, les données paléontologiques que nous possédons sur les couches tertiaires des Déserts sont relativement fort peu nombreuses. Les Polypiers qui forment parfois des bancs entiers ont été signalés pour la première fois par M. DE MORTILLET [1] et les auteurs citèrent simplement sans donner d'autres détails la présence de *Cerithes? Natices* et des *Nummulites*. C'est le travail de TOURNOUER [2] qui permit de donner un âge un peu plus précis aux différentes assises. Nous avons pu examiner de nouveau les matériaux envoyés par PILLET à TOURNOUER et qui malheureusement ne portent pas toujours l'endroit exact où ils ont été recueillis. Nous avons recueilli nous-mêmes un très grand nombre d'échantillons et M. ROSE nous a fourni gracieusement quelques belles formes qu'il avait recueilli dans l'endroit dit le Pré des Maréchaux entre le Pennay et les Charmettes.

Les sables grossiers. les argiles et les brèches à silex ne nous ont fourni aucun fossile, leur âge cependant, éocène moyen ou inférieur, comme nous l'avons montré, ne peut faire de doute étant donnée la constance de cette formation non seulement en Savoie, mais dans toute la vallée du Rhône.

1° *Poudingues à Natices et Polypiers.*

C'est surtout dans le conglomérat de base et dans le poudingue calcaire qui l'accompagne que les fossiles sont abondants ; malheureusement sauf dans quelques blocs un peu friables, l'on arrive difficilement à extraire des échantil-

[1] *Loc. cit*, p. 257.
[2] *Loc. cit.*

lons en bon état. Nous avons pu cependant, grâce aux nombreux échantillons que nous possédons, déterminer de la façon la plus précise les formes suivantes :

Strombus radix A. Brgt. [1] (pl. IV, fig. 9, p. 74).

Trois échantillons en assez mauvais état se rapportent au genre *Strombus*; deux d'entre eux que Tournouer a examinés se rapprochent beaucoup du *Strombus radix* Brongt. forme caractéristique du Tongrien du Vicentin, par la taille et les ornements de la coquille diffère du *Strombus Garnieri* des couches correspondantes de Barrème par les épines plus nombreuses et les stries spirales plus serrées et plus nombreuses.

Un échantillon de grande taille malheureusement incomplet est très différent des échantillons précédents. Les épines qui ornent chacun des tours de spire sont disposées sur une sorte de bourrelet excessivement saillant, le moule laisse voir des traces de côtes longitudinales. Cette forme se rapproche beaucoup du *Str. Fortisi* A. Brgt des couches de Ronca.

Turbo clausus. Fuchs [2] (p. 161, pl. II, fig. 23-24).

Turbo de grande taille qui caractérise le Tongrien du Vicentin, ouverture large, arrondie, le test est couvert de côtes spirales épaisses beaucoup moins nombreuses que dans les types de Castel-Gomberto, qui les faisait considérer par Tournouer comme une variété *latesulcata*. Elle est représentée par de très nombreux échantillons dans les couches inférieures du plateau des Déserts. L'un de nous a rencontré dans les couches à *Num. perforata, N. aturica* des Turbo se rapprochant beaucoup de la forme précédente qui paraît ainsi avoir une grande extension verticale ; ces derniers échantillons provenaient du Châtelard dans les Bauges.

Turbo Filloni Basterot [3].

Nous rapportons avec quelque doute comme Tournouer à cette forme caractéristique du Tongrien des Landes (Gaas) et de Sangonini dans le Vicentin quelques formes d'assez grande taille se distinguant des précédentes par les ornements spiraux beaucoup moins saillants.

Trochus Pilleti nov. sp.

Tournouer avait déjà signalé dans sa note paléontologique sur les Déserts de

---

[1] *A. Brongniart.* Mémoire sur les terrains de sédiments sup. calcarés trappéen du Vicentin, 1823.

[2] *Th. Fuchs.* Beitrag zur Kenntniss der Conchylienfauna der Vicentinischen Tertiärgebirges (Denkschrift der Kaiserl. Akad der Wissenchaft. vol. 30. 1870).

[3] Basterot. Env. de Bordeaux p. 58, pl. 3, fig. 5 1825.

nombreuses formes de *Trochus* qu'il rapportait à deux espèces nouvelles du groupe du *T. Labarum* Bast de Gaas, tout à fait différent du groupe du *T. Lucasanus* Brgt. qui caractérise si nettement les dépôts Tongriens du Vicentin. La spire est allongée, très régulièrement conique, les tours de spire plus ou moins nettement séparés par un léger sillon. Les stries spirales qui ornent les tours de spire beaucoup moins accusées que celles du *T. Labarum*, la taille est aussi légèrement plus grande. Rappelle beaucoup certaines formes du miocène moyen. Très commun partout, nous avons conservé à cette espèce le nom que lui avait donné sur les échantillons du musée d'histoire naturelle de Chambéry, Tournouer.

Cerithium calculosum Basterot.

Il existe dans les couches inférieures des Déserts un certain nombre de formes de Cérithes malheureusement toujours en assez mauvais état. Tournouer avait rapporté, sans doute à cause de l'ornementation des tours de spire au *Cerith. calculosum* Basterot. Fuchs a montré les variations assez grandes de cette espèce dans les couches Tongriennes, les échantillons des Déserts se rapporteraient surtout aux formes fig. 13, fig. 14, pl. V.

D'autres échantillons se rapportent très nettement au groupe du *Cerith. publicatum* Brug. avec ses stries spirales et ces côtes longitudinales formant avec les premières une sorte de quadrillage. La spire est cependant moins allongée que dans l'espèce typique et ces échantillons se rapprochent beaucoup des formes du Vicentin figurées par Oppenheim [1].

Certains échantillons présentent 3 côtes spirales plus saillantes que les autres et se rapprochent alors beaucoup du *C. ornatum* Fuchs [2] et du *C. multivaricosum* Bayan sans qu'il soit possible de les rapporter d'une façon certaine à l'une ou l'autre de ces deux espèces.

Natica Crassatina Lam.

Les gastéropodes de beaucoup les plus abondants au point de vue des espèces et du nombre des individus dans les couches inférieures du Désert appartiennent au genre *Natica*.

Les formes de grande taille se rapportent à deux espèces bien différentes ; les unes ont une forme globuleuse se rapportent sans aucune hésitation possible à la *N. Crassatina* Lam.

Un échantillon particulièrement bien conservé se montre avec son ombilic rempli par la callosité, la spire est peu saillante, un peu plus courte que dans les échantillons typiques du bassin de Paris ou de Gaas. Ils sont souvent déformés,

---

[1] P. Oppenheim. Des Altertiär der Colli Bericien Venetien Zeitschrft, der Deutsch, geol. Gesellschaft, 1896.
[2] *Loc. cit.*, pl. VI, fig. 15.

aussi l'ouverture est-elle souvent moins oblique que dans la *Crassatina*, les tours deviennent moins arrondis et les formes se rapprochent de la *N. vapincana* d'Orb de Barrême mais l'hésitation n'est pas possible par suite de l'absence d'ombilic. La *Nat. crassatina* a une extension géographique considérable mais paraît être tout à fait caractéristique du Tongrien. Aussi les grosses formes de Natices globuleuses signalées par l'un de nous [1] à Montmin et rapportées à la *N. vapincana* sont situées dans des couches inférieures aux couches supérieures à Polypiers de la localité qui correspondraient alors sans doute aux couches des Déserts. Les moules de la *N. crassatina* sont extrêmement communs dans tous les affleurements des couches inférieures, quelques moules de petite taille à spire assez surbaissée ont un ombilic. La callosité n'existait que chez l'adulte.

Natica nov. sp.

Natica Pilletti, in Tournouer, note manuscrite.

Nous avons retrouvé dans la collection du musée de Chambéry avec les échantillons des Déserts une note manuscrite de Tournouer se rapportant justement à cette forme représentée par de gros moules en assez bon état ayant conservé des débris du test permet de donner les caractères suivants :

Coquille globuleuse à spire courte et largement conique, encore moins élevée que celle de la *N. cepacea* Lamck au groupe de laquelle elle appartient certainement. Les tours de spire ne sont pas canaliculés et le test présente des stries verticales, comme dans la forme du bassin de Paris. La callosité existe sur l'ombilic mais peu visible, ouverture assez grande oblique par rapport à l'axe, diamètre 34 mm. ouverture à la base, 43 mm. Chez de petites formes que nous rapportons aussi à cette espèce il n'y a qu'une petite callosité sur l'ombilic et la forme toujours un peu moins globuleuse que dans la *N. cepacea*.

Dans les couches inférieures nummulitiques (couches à grandes Nummulites) on rencontre également un certain nombre de natices globuleuses nous paraissent se rapporter à des formes très voisines de la *N. cepacea* et de la *N. Beaumonti*. Heb. et Renv.

Natica aff. studeri (Queenstedt sp.) Bronn.

Coquille de forme globuleuse à test lisse, à spire courte et pointue, les tours présentent une rampe plate qui caractérise tout à fait cette forme et la rapproche du groupe de la *Natica Studeri* et de la *Natica Parisiensis* Desh du Bartonien du bassin de Paris, cette forme a été signalée par Fuchs (*loc. cit.*) dans les couches de Gomberto dans le Vicentin, et dans un grand nombre de localités des Alpes françaises mais généralement à un niveau inférieur (Bartonien). Deux échantillons en assez bon état.

[1] H. Douxami. Étude sur les terrains tertiaires de la Savoie, du Dauphiné et de la Suisse occidentale, p. 4.

Natica angustata. Grateloup.

Cette forme très commune dans les couches de Gaas où elle se présente en échantillons de grande taille se distingue facilement de la *N. crassatina* du même niveau par sa forme moins ventrue, sa spire plus allongée, plus conique, et la présence d'un ombilic non recouvert par une callosité. Elle avait été réunie par MM. Hebert et Renevier (Fossiles nummulitiques supérieurs, 1854) avec la *Natica vapincana* d'Orb. dont elle se distingue nettement d'après Tournouer [1] par des tours plus ronds, plus détachés, très nettement canaliculés à la suture, une columelle oblique.

Les échantillons provenant des couches inférieures des Déserts que nous rapportons à cette espèce sont de taille moyenne toujours plus petits que ceux de Gaas, quelques-uns ayant conservé encore une partie de leur test montrent très nettement l'existence de côtes spirales peu marquées.

D'autres échantillons un peu déformés à spire moins allongée à tours plus profondément canaliculés paraissent devoir être rapportées à des formes jeunes de *N. Crassatina*. Assez commune dans les couches inférieures du Désert.

Natica aff hybrida Lamarck.

Formes bien caractérisées par l'existence au-dessous de tours de spire convexes assez étroits sauf le dernier qui occupe les 2/3 de la longueur totale de la coquille, et creusés en dessus d'un canal aplati remontant jusqu'au sommet. Il existe une grande callosité oblongue. Voisines de certaines formes de taille moyenne des couches tertiaires de Gaas.

Il existe encore dans les couches inférieures du Désert de toutes petites formes de Natice de très petite taille à spire assez pointue et à l'Est sans ornements peu déterminables (*N. aff Pasini* Bay ?).

Il en est de même de quelques échantillons de *Cypræa* et *Delphinula* déjà signalés par Tournouer.

M. Rose nous a communiqué un moule de grande taille que nous rapportons au g. *Pleurotomaria* sp. et qui ne se rapproche, au moins par la taille, des formes tertiaires connues et rappelle au contraire des formes beaucoup plus anciennes.

Les couches inférieures du Désert ne nous ont fourni que quelques rares formes de lamellibranches nous citerons cependant :

Lucina Sp.

De très grande taille, au moins de la taille de la *Lucina gigantica* Desh du calcaire grossier inférieur du Bassin de Paris. Elle en diffère par une forme générale moins orbiculaire et en ce qu'elle présente à la surface des stries d'accroissement concentriques. Il n'y a pas de côtes rayonnantes superficielles. Cette

---

[1] *Tournouer*. Fossiles tertiaires des Basses-Alpes, B. S. G. t. 2, série 120, p. 492.

forme paraît exister dans le nummulitique de l'Inde. L'échantillon unique que nous possédons a été gracieusement mis à notre disposition par M. HOLLANDE à qui nous adressons ici nos sincères remerciments. (*Note ajoutée pendant l'impression.*)

Crassatella carcarensis, Micholotti.

Très bel échantillon possédant les deux valves complètes de grande taille provenant de l'endroit dit Pré des Maréchaux. La coquille présente comme seuls ornements des stries concentriques d'accroissement, diffère nettement par la taille de *C. neglecta* Michel. des couches de Gomberto et par sa forme moins triangulaire ; nous paraît identique quoique de taille peut-être encore plus grande avec les échantillons de Tartonne que nous avons eu à notre disposition.

Macrosolen Hollovaysi. Sow.

Nombreux débris de cette espèce ; un échantillon en assez bon état de grande taille permet de reconnaître des caractères typiques de l'espèce. La coquille présente de nombreuses stries très fines d'accroissement. Elle est commune à Barton, à Bracklesham et dans les couches de Laverda et de Salcedo. Cette espèce aurait donc une extension géographique assez considérable. Il en serait de même au point de vue de l'âge.

Mytilus aff Rigaulti. Desh t. II, p. 29, pl. 71, fig. 23-24.

C'est en effet avec cette espèce de l'Éocène des environs de Paris que l'échantillon presque complet avec ses deux valves que nous possédons présente le plus d'affinités par sa forme légèrement arquée dans sa longueur, rendue gibbeuse par un angle assez aigu, la surface ornée de sillons avec les caractères si particuliers de l'espèce précédente. Deux ou trois stries d'accroissement vers la périphérie.

Comme nous l'avons indiqué dans la description géologique de la région, les couches inférieures sont très riches en Polypiers qui forment parfois des bancs compacts ; ils indiquent très nettement la proximité du rivage au voisinage duquel pouvaient se former de véritables petits récifs frangeants.

Ils se présentent généralement en masses plus ou moins bien conservées difficiles à déterminer ; les deux formes suivantes déjà reconnues par Tournouer paraissent les plus abondantes.

Heliastræa Lucasana Defrance (in Reuss [1], pl. XI, fig. 7-9)

Forme commune dans les couches de Cassinelle, Castel-Gomberto, San Gonini.

---

[1] Reuss. Denkschriften de K. Akad der Weissenchafh. vol. 28.

Latimæandra dedalea Reuss (pl. VIII, fig. 3)

Gros Polypier massif signalé par Reuss à Castel-Gomberto et qui paraît très abondant ici.

Les Polypiers dont nous avons signalés à différents niveaux dans les couches nummulitiques de Montmin paraissent se reporter au g. *Rhabdophyllia* et être très voisins de

Rh. tenuis Reuss (pl. II, fig. 3-5)

signalé à Montegruni.

Nous n'avons pas rencontré dans ces couches inférieures jusqu'à présent de foraminifères bien nets qui sont si abondants dans le conglomérat plus ancien à

\   *Nummulites aturica* Defr.

Signalons enfin pour être complets, la présence dans ce conglomérat, de très nombreux débris de côtes d'*Halitherium* difficiles à spécifier avec les débris que nous avons pu recueillir.

2° Grès de la Doria à *Nummulites* et à *Pectens*. (Couches à petites nummulites).

Comme nous l'avons indiqué en commençant cette étude paléontologique, les fossiles que TOURNOUER a eu à sa disposition provenaient de toutes ces couches tertiaires du Désert, les différents niveaux ont par suite été confondus par lui.

Les gastéropodes paraissent faire complètement défaut non seulement dans les couches du Désert mais pour ainsi dire dans toutes les couches d'âge à peu près correspondant de la région des Bauges ou du Génevois où ce niveau paraît assez constant. Les foraminifères y sont par contre ainsi que les Lamellibranches assez fréquents. L'étude des premiers est fort délicate, car les Nummulites y sont très petites souvent complètement engagées dans la roche et difficile à isoler et à préparer pour l'étude miscroscopique. Les déterminations des espèces suivantes que nous donnons sont faites en grande partie à l'aide de la collection de la Harpe du Musée de Lausanne mise gracieusement à notre disposition par M. RENEVIER, professeur de géologie à l'Université. Une partie des échantillons a été étudiée autrefois par de la Harpe lui-même. Enfin M. FICHEUR d'Alger nous a fourni à ce sujet de précieux renseignements dont nous sommes heureux de le remercier ici. Les formes les plus communes sont :

N. *Variolaria* Sow.
N. *Ramondi* Defr.
N. *striata* d'Orb.
N. *Guettardi* d'Arch.
N. *Boucheri* de la Harpe.
N. aff. *Heberti* d'Arch.

Tous les travaux récents sur les couches à Nummulites en particulier sur celles de la Hongrie ont montré la grande extension verticale de la plupart des espèces de nummulites, qui ne nous fournissent par suite que des renseignements peu précis sur l'âge exact des couches qui les renferme. Une revision très serrée de toutes ces formes actuellement connues fera sans doute disparaître cette incertitude.

Les fossiles les plus communs de ces couches sont des Lamellibranches et presque exclusivement au moins parmi les formes déterminables des Pectens ; nous avons pu reconnaître avec certitude

Pecten Thorenti d'Archiac

cette forme caractérise les couches supérieures du terrain nummulitique des environs de Biarritz et est bien caractérisée par ces trois ou quatre côtes très épaisses.

D'autres formes à côtes plus nombreuses (10) se rapprochent beaucoup des formes de l'Eocène supérieure de Zovenceda et des formes plus récentes du groupe du *P. Subdiscors* d'Arch. *P. simplex* Michelotti

Pecten aff. solea Desh.

cette forme de Pecten lisse très commune dans les couches à *O. Brongniarti* de la vallée d'Aillon, du Chatelard paraît représenter aux Déserts également ou par des formes très voisines du groupe du *P. Corneus.*

Pecten aft. subtripartitus d'Archiac.

Nombreux débris malheureusement incomplets sont très voisins de cette forme d'après le mode d'ornement. Cette forme de Biarritz existe également dans les couches inférieures de Barrème.

Il est à remarquer combien les Pectens sont abondants au moins au point de vue du nombre des individus dans les couches nummulitiques de la région des Bauges tandis qu'ils sont plutôt rares dans les couches correspondantes des Basses-Alpes ou du Vicentin.

3° Flysch.

Dans des couches inférieures de ces grès de la Doria qui passent insensiblement ou alternent avec le Flysch tongrien on trouve des couches marneuses que nous avons désignées sous le nom de couches à Cardites ; certaines couches renferment des *operculines*, que nous reportons avec quelque doute à :

O. canalifera d'Arch espèce très commune à la partie supérieure du Nummulitique de nos contrées. Cette forme présente ici de très grandes variations de taille.

Nous citerons également de ces mêmes couches un peu plus marneuses que les grès une forme de *Nummulite* que M. Ficheur considère comme extrèmement voisines de la *N. Murchisoni.*

Certains bancs de couches supérieures des grès à petites nummulites ou des

couches de calcaire feuilleté à écailles de poissons (*Meletta*) se présentent comme nous l'avons dit plus haut à l'état de calcaire compact très fossilifère, mais les fossiles sont fortement engagés dans la roche et impossibles à dégager. Sur les surfaces qui ont été pendant longtemps exposées au contact de l'air on peut arriver à reconnaître de très nombreuses formes de *Potamides* du groupe du *Pot Lamarchi* Brgt et les échantillons très nombreux de

Nystia Duchasteli Nyst.
Hydrobia Dubuissonni Bouillet

qui caractérisent si nettement le Tongrien supérieur du bassin de Paris et surtout du midi de la France. Ces formes indiquent l'existence de petites lagunes saumâtres annonçant la dessalure progressive et les couches d'eau douce de l'Aquitanien.

C'est à ce niveau également qu'il faut rapporter les couches de grès à Cardites ainsi que les sables siliceux situés près du col de Plainpalais.

TOURNOUER a reconnu très nettement les formes suivantes :

Cardium fallax [1] Michelotti un peu différent, cependant les côtes sont moins nombreuses moins serrées que dans l'espèce de Vicentin et une taille un peu moins grande.

Cardium anomale Matheron [2]

tout à fait identique aux échantillons provenant de Barrème que nous avons eu à notre disposition.

Cardita Laurae Brgt [3]

Les moules de Cardites sont extrêmement fréquents et abondants dans ces couches, c'est la raison pour laquelle nous avons donné le nom de grès à Cardites à ces assises. L'espèce précédente paraît de beaucoup la plus abondante. Certains moules de forme oblongue, assez comprimée aux côtes sans ornements paraissent se rapporter à la *C. arduini* Brgt si commune dans le Vicentin.

On trouve encore parfois dans ces couches des *Operculines* mais assez rarement.

Dans les calcaires feuilletés (Flysch) on ne rencontre au Désert comme restes organisés que des écailles de poissons appartenant au g. *Meletta* et des débris de plantes indéterminables.

4° *Grès des Déserts*

Dans les couches supérieures de terrains tertiaires du Désert que nous avons

---

[1] *Michelotti. Mioc. inf.*, p. 73, pl. 8, fig. 16, 17 ; *Fuchs. Loc. cit.* p. 201, pl. XI, fig. 4, 5.
[2] *Matheron.* Catalog. corps org. foss. p. 195, pl. 32, fig. 11-12 ; *Fuchs. Loc. cit.* p. 166, pl. VII, fig. 7-10.
[3] *Brongniart.* Mémoire Vicentin, p. 80, pl. V. fig. 5 ; *Fuchs. Loc. cit.* p. 202, pl. XI, fig. 13-15.

désignées sous le nom de grès des Déserts et qui se retrouvent bien développés dans le synclinal voisin des Aillons on rencontre de très nombreuses formes de bivalves mais dont malheureusement le test a plus ou moins complètement disparu ce qui en rend la détermination fort douteuse ; les g. *Lucina* sp., *Cyrena* sp. et *Arca* sont représentées, la spécification en est impossible.

VI. — CONCLUSIONS

L'étude détaillée des assises du plateau des Déserts et des fossiles qui s'y rencontrent nous amène à des conclusions importantes et qui nous permettent d'assigner leur véritable placè aux divers termes de la série tertiaire du massif des Bauges. TOURNOUER dans la note à laquelle nous avons si souvent fait allusion, séparait déjà très nettement les couches des Déserts des autres formations nummulitiques de la Savoie. L'étude de ces terrains, publiée par l'un de nous, a confirmée tout à fait ces données et il est aujourd'hui admis par les géologues qui se sont occupés de la classification de ces assises que les couches à *Cerithium Diaboli* d'Entreverne, des Diablerets, de la Granella dans le Vicentin sont plus anciennes que les couches à *Natica crassatina* correspondant au groupe de Castel Gomberto, c'est-à-dire aux sables de Fontainebleau [1].

Toutefois, TOURNOUER ne s'était pas demandé si ces dernières assises qu'il rapportait à juste titre à l'Oligocène se retrouvaient dans d'autres points des Bauges et, de plus, il n'avait pu établir comment les dépôts de la mer Tongrienne de Savoie se raccordaient avec ceux des Basses-Alpes. Nous pouvons aujourd'hui répondre à ces diverses questions et donner la solution du problème.

Le synclinal des Déserts qui se fusionne, au Nord, avec le synclinal des Aillons pour se continuer par celui de Lescheraines est le synclinal le plus occidental du massif des Bauges. Les mouvements alpins ont dans ce massif, comme du reste dans toutes les Alpes Françaises, rejeté les mers tertiaires de plus en plus vers l'Ouest et c'est ce qui explique que les formations les plus anciennes de notre champ d'études appartiennent au Sannoisien tandis que plus à l'Est, on en rencontre d'autres appartenant à l'Eocène.

Dans le synclinal plus oriental des Aillons on trouve déjà sur le flanc Est les couches à grandes Nummulites (Bartonien) qui ne se rencontrent pas encore sur le versant Ouest. Les assises tertiaires débutent, sur ce flanc occidental, par un poudingue calcaire reposant sur l'Urgonien et surmonté par des grès à *Pectens* et à petites *Nummulites*. Cet ensemble est pour nous l'équivalent du Tongrien inférieur de la vallée des Déserts, car on peut y recueillir les diverses espèces de *Nummulites* que nous avons énumérées plus haut. Des couches à *Pectens*,

---

[1] E. Haug. Etudes sur la tectonique des hautes chaines calcaires de Savoie (*Bull. des Serv., carte géol. de France*, t. VII, n° 47, *loc. cit.* p. 29).

[2] H. Douxami. *Loc. cit.*

Ostrea Brongniarti et petites *Nummulites* (*Nummulites striata*) se rencontrent aussi au Châtelard où elles sont superposées à un banc marneux correspondant au niveau saumâtre des Diablerets (Priabonien). On les retrouve sur le flanc occidental du synclinal d'Entrevernes ainsi que dans celui d'Arclozan-Bellevaux, toujours avec les mêmes *Nummulites* et les mêmes formes de *Pectens*.

Ces constatations nous permettent de conclure *que les couches à petites Nummulites des Bauges doivent être rapportées au Tongrien inférieur, et qu'elles passent à l'Ouest aux couches au Natica crassatina.*

Comme elles alternent, d'autre part, dans certaines localités, avec le Flysch [1], on est en droit de considérer ce dernier comme n'en étant *qu'un facies, lequel a souvent débuté dès l'Eocène dans cette région, mais s'est continué pendant tout le Tongrien* [2].

La vallée des Déserts malgré les variations que présentent ses couches et les plis secondaires qui l'affectent se rattache de la façon la plus nette aux autres vallées du massif des Bauges. Elle constituait, dans nos régions, le point le plus occidental atteint par la mer Oligocène. Les formations qui s'y montrent ont un caractère littoral très prononcé qui ne se retrouve plus dans les vallées situées plus à l'Est.

La succession des dépôts tertiaires des Bauges est d'ailleurs absolument conforme à celle des dépôts tertiaires des Basses-Alpes si bien étudiés par GARNIER et TOURNOUER, On y rencontre dans les deux régions deux niveaux à *Natices* et *Polypiers* appartenant l'un à l'Eocène l'autre au Tongrien. De plus, les couches à *Natica crassatina* de Barrême se continuent vers le Sud, d'après M. Zürcher [3], par les marnes à *Ostrea Brongniarti* du Vit de Castellane et c'est au-dessus que passent comme chez nous des calcaires à *Nystia Duchastelli*.

Les nivaux tertiaires des zones subalpines sont représentés dans les chaînes intérieures par les brèches polygèniques et les grandes masses de Flysch. Les assises inférieures de ce dernier ne sont pas partout du même âge, mais cette formation s'est certainement continuée pendant la plus grande partie de l'Oligocène et alors que se déposaient sur le littoral nos couches à *Polypiers* et à *Natices* que nous ne trouvons plus aujourd'hui qu'en lambeaux discontinus. Quant au Flysch, formation détritique vaseuse constituée en avant du rivage, il présente une certaine extension et permet de se faire une idée assez exacte de la configuration des mers, à ces époques anciennes.

---

[1] DOUXAMI. *Loc. cit.*

[2] M. KILIAN (C. R. Ac. Sc. t. CXXIV) est arrivé à des conclusions analogues par l'étude des massifs compris entre les sources de la Bléone (Basses-Alpes et celles du Var). Il a vu au mont Pelat le nummunilique s'y tranformer peu à peu en calcaires marneux alternant avec des schistes noirs et quelques bancs de grès siliceux : les nummulites y deviennent rares et sont remplacées par des empreintes d'*Helminthoides*. Quant à l'oligocène, il est représenté par les grès d'Aunot que l'on voit passer près de Colmars au Flysch gréseux. MM. HAUG et KILIAN ont en outre constaté les mêmes variations de facies dans le bassin de l'Ubaye.

[3] ZÜRCHER. Note sur la structure de la région de Castellane. *Loc. cit.*, p. 3.

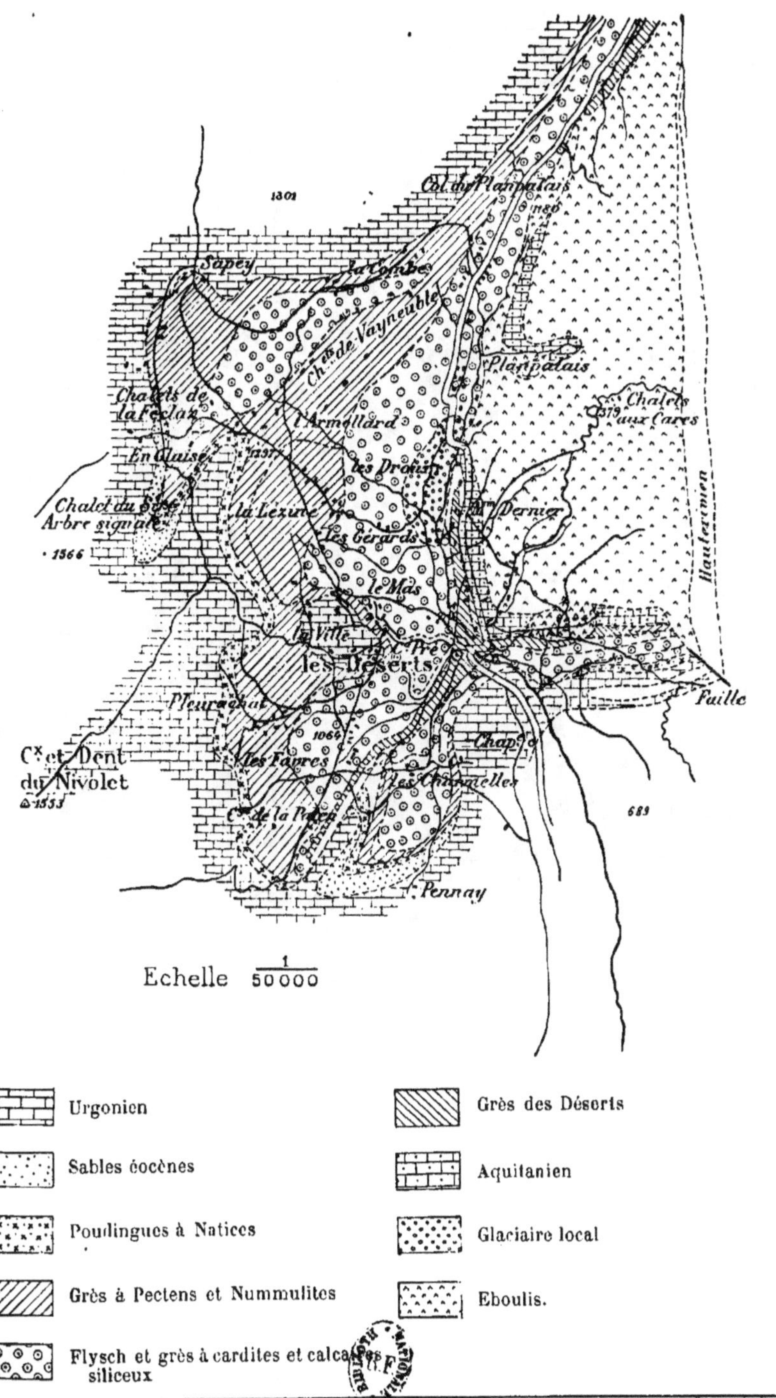

Urgonien		Grès des Déserts	
Sables éocènes		Aquitanien	
Poudingues à Natices		Glaciaire local	
Grès à Pectens et Nummulites		Eboulis.	
Flysch et grès à cardites et calcaires siliceux			

www.ingramcontent.com/pod-product-compliance
Lightning Source LLC
LaVergne TN
LVHW011446170726
843501LV00009B/3321